K. Dharma Reddy
M. Mohammad Imthiyaz

Fabrico e análise experimental de dispositivo de arrefecimento termoelétrico

K. Dharma Reddy
M. Mohammad Imthiyaz

Fabrico e análise experimental de dispositivo de arrefecimento termoelétrico

ScienciaScripts

This book is a translation from the original published under ISBN 978-620-7-80530-3.

Publisher:
Sciencia Scripts
is a trademark of
Dodo Books Indian Ocean Ltd. and OmniScriptum S.R.L publishing group

120 High Road, East Finchley, London, N2 9ED, United Kingdom
Str. Armeneasca 28/1, office 1, Chisinau MD-2012, Republic of Moldova, Europe
Printed at: see last page
ISBN: 978-620-7-77067-0

RESUMO

Os dispositivos de armazenamento a frio são indispensáveis na nossa vida quotidiana e em várias indústrias. Há uma procura crescente de aparelhos de baixa temperatura que desempenham um papel crucial na preservação e no prolongamento do prazo de validade dos produtos perecíveis, evitando a deterioração e garantindo a segurança alimentar. A refrigeração é essencial para preservar a eficácia dos medicamentos e das vacinas. Os frigoríficos são amplamente utilizados para estas aplicações de refrigeração, o que resulta na emissão de gases com efeito de estufa, como os clorofluorocarbonetos (CFC) e os hidroclorofluorocarbonetos (HFC), que provocam a destruição da camada de ozono e contribuem para o aquecimento global. Além disso, o elevado consumo de energia dos frigoríficos contribui para as emissões de carbono e sobrecarrega as redes eléctricas. Considerando este defeito, é fabricado um dispositivo de arrefecimento termoelétrico para produzir o efeito de arrefecimento utilizando a energia solar como entrada de energia. A energia solar é uma energia renovável com uma pegada de carbono nula e está disponível em abundância. Este dispositivo utiliza módulos de arrefecimento termoelétrico (TEC) para obter baixas temperaturas que funcionam segundo os princípios do efeito Peltier e Seebeck. Estes módulos produzem um efeito de arrefecimento sem emitir quaisquer gases nocivos e reduzindo eficazmente o consumo de eletricidade e as peças reduzidas, ou seja, o compressor, o condensador, etc. O modelo consiste em duas câmaras de arrefecimento que serão mantidas a temperaturas mais baixas do que as circundantes. O módulo TEC é selecionado com base na temperatura a manter nas câmaras de arrefecimento e na carga térmica passiva. Além disso, é utilizado um material de mudança de fase (estearato de n-butilo) para aumentar o efeito de arrefecimento. A experiência é efectuada com e sem a utilização de PCM, os valores das temperaturas de carga e descarga são tabelados e representados graficamente. A otimização multiobjectivo é feita através da análise da relação cinzenta e o valor com o grau de relação cinzenta mais elevado é considerado a solução óptima.

Palavras-chave: Dispositivo de arrefecimento termoelétrico, módulo TEC, efeito Peltier e Seebeck, material de mudança de fase (PCM), energia renovável.

LISTA DE CONTEÚDOS

Capítulo - 1
Introdução

CAPÍTULO-1

INTRODUÇÃO

No mundo de hoje, há uma procura crescente de aplicações de baixa temperatura em vários campos, o que levou ao aumento da utilização de eletricidade e que os dispositivos, por sua vez, libertam mais quantidades de gases nocivos, tais como CFC's, CO_2. Este aumento da libertação de gases com efeito de estufa provoca o aquecimento global. Para minimizar estes efeitos, a atenção está virada para a utilização de fontes de energia renováveis. A energia solar é uma fonte abundante de energia renovável na superfície da Terra.

O novo método alternativo para produzir um efeito de arrefecimento consiste em conceber e desenvolver um dispositivo termoelétrico alimentado por energia solar. O dispositivo termoelétrico funciona com base no "efeito termoelétrico", que se baseia nos princípios do efeito Peltier e do efeito Seebeck. O efeito termoelétrico é produzido por módulos termoeléctricos ou módulos de arrefecimento Peltier. O módulo termoelétrico é composto por materiais constituídos por semicondutores, que são ligados eletricamente em série e termicamente em paralelo para criar temperaturas frias e quentes em ambos os lados do módulo. Apesar de estes dispositivos serem menos eficientes em comparação com os sistemas de refrigeração convencionais, não têm peso, são económicos, menos ruidosos e são seguros para o ambiente.

Para além disso, tenta-se obter uma temperatura mais baixa com a utilização de materiais que mudam de fase (PCM). Um PCM terá uma resistência térmica mais baixa porque libertará mais calor durante a mudança de fase de líquido para sólido e absorverá mais calor durante a mudança de fase de sólido para líquido no início do processo de fusão e solidificação.

O principal objetivo deste estudo consiste em conceber e fabricar um modelo funcional de dispositivo termoelétrico para arrefecimento que utilize o efeito Peltier, ou seja, a diminuição da temperatura numa junção e o aumento da temperatura na outra junção quando a corrente eléctrica passa num circuito constituído por dois condutores diferentes; o efeito em circuitos que contêm semicondutores diferentes é mais eficaz. O modelo foi concebido de modo a que o volume no interior da cabina seja arrefecido e mantido a uma temperatura compreendida entre 5^0 C e 20^0 C. Para obter o efeito de arrefecimento no modelo, é selecionado um módulo de arrefecimento termoelétrico

(TEC) ou um módulo de arrefecimento Peltier de acordo com a carga de arrefecimento calculada.

O estearato de n-butilo é o éster butílico do ácido esteárico selecionado como material de mudança de fase a utilizar adicionalmente para obter as vantagens dos seus processos de carga e descarga. Durante o processo de carga, o PCM absorve frio e atinge o seu ponto de congelação. Quando o PCM está totalmente carregado, liberta uma grande quantidade de energia, com a qual o habitáculo pode ser arrefecido comparativamente mais rápido do que o habitáculo sem PCM. Além disso, quando a entrada de energia na cabina do dispositivo termoelétrico está desligada, o calor entra na cabina através do módulo TEC. Para evitar esta absorção de calor na cabina, o PCM é submetido ao processo de descarga para que a temperatura no interior da cabina possa ser mantida durante algum tempo.

No presente trabalho, são tabulados os tempos necessários para que dois volumes diferentes de cabinas atinjam a temperatura desejada com e sem a aplicação de PCM. Além disso, os parâmetros como a carga térmica passiva, o COP, o tempo, a temperatura e o volume são optimizados utilizando a GRA. Neste trabalho, é preferível utilizar PCM orgânico em vez de PCM inorgânico porque os PCM orgânicos são quimicamente estáveis, ambientalmente seguros, não tóxicos e não corrosivos por natureza. Este dispositivo pode ser utilizado em locais remotos onde a produção de energia eléctrica é reduzida e incerta, uma vez que é alimentado por uma bateria, que pode ser carregada através de um painel solar.

1.1 ENERGIA SOLAR

A energia renovável refere-se à energia derivada de recursos naturalmente reabastecidos, como a luz solar, o vento, a chuva, as marés, as ondas e o calor geotérmico. A energia solar, abundante na superfície da Terra, serve como entrada principal para o modelo apresentado, que se concentra na produção de efeitos de arrefecimento. A energia solar engloba a luz radiante e o calor do sol, utilizados através de tecnologias em evolução, como o aquecimento solar, a energia fotovoltaica, a energia térmica solar, a arquitetura solar, as centrais eléctricas de sal fundido e a fotossíntese artificial. Estas tecnologias são classificadas como solares passivas ou activas, dependendo da forma como captam e distribuem a energia solar ou a convertem em energia. As técnicas activas incluem os sistemas fotovoltaicos, a energia solar concentrada e o aquecimento solar da água, enquanto as técnicas passivas envolvem a orientação dos edifícios, a seleção de materiais e a conceção da circulação natural do ar.

No presente trabalho, a energia solar é calculada quando o painel está numa posição fixa. Os valores de tensão são medidos com um multímetro e um amperímetro com um reóstato, e a potência é calculada a partir de $P = V \times I$ para diferentes intervalos de tempo. A partir destes cálculos, pode calcular-se a potência CC, que é armazenada na bateria.

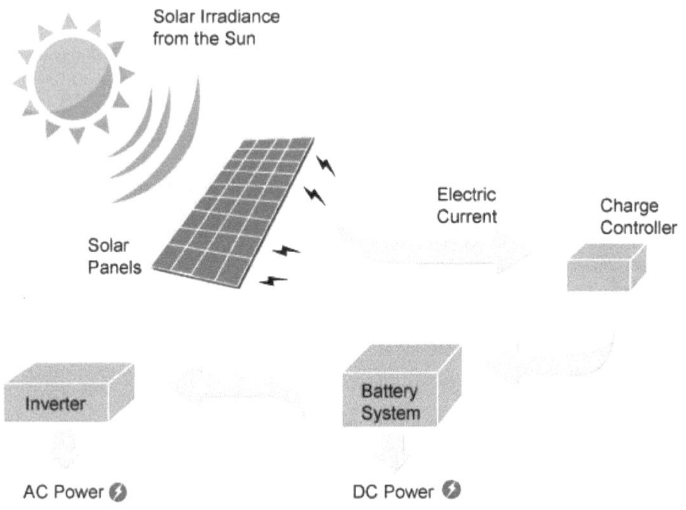

Figura 1.1: Representação esquemática do fluxo de energia solar

1.2 EFEITO TERMOELÉCTRICO

O **efeito termoelétrico** é a conversão direta das diferenças de temperatura em tensão eléctrica e vice-versa através de um termopar. Um dispositivo termoelétrico cria tensão quando existe uma temperatura diferente em cada lado. Por outro lado, quando lhe é aplicada uma tensão, o calor é transferido de um lado para o outro, criando uma diferença de temperatura. À escala atómica, um gradiente de temperatura aplicado faz com que os portadores de carga no material se difundam do lado quente para o lado frio.

Este efeito pode ser utilizado para gerar eletricidade, medir a temperatura ou alterar a temperatura de objectos. Uma vez que a direção do aquecimento e do

6

arrefecimento é determinada pela polaridade da tensão aplicada, os dispositivos termoeléctricos podem ser utilizados como controladores de temperatura.

O termo "Efeito Termoelétrico" engloba três efeitos identificados separadamente: o **efeito Seebeck**, o efeito **Peltier** e **o efeito Thomson**.

1.2.1 EFEITO SEEBECK

O **efeito Seebeck** descreve a geração de uma diferença de tensão entre dois condutores eléctricos ou semicondutores diferentes quando existe uma diferença de temperatura entre eles. Quando o calor é aplicado a um condutor, os electrões fluem para o condutor mais frio, criando uma corrente contínua se for ligado através de um circuito. As tensões produzidas são normalmente pequenas, variando de alguns microvolts a alguns milivolts por Kelvin de diferença de temperatura. Vários dispositivos de efeito Seebeck podem ser ligados em série para aumentar a tensão de saída ou em paralelo para aumentar a corrente fornecida. Grandes conjuntos de dispositivos deste tipo podem gerar energia eléctrica útil em pequena escala se for mantida uma diferença de temperatura significativa entre as junções.

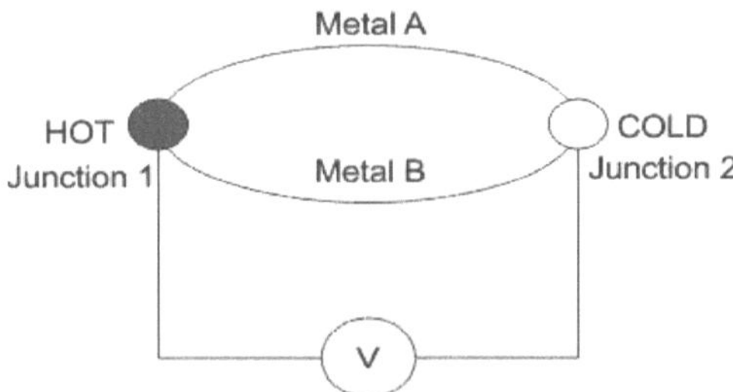

Figura 1.2 Efeito Seebeck

1.2.2 EFEITO PELTIER

Este efeito foi descoberto em 1834 pelo físico francês Jean-Charles-Athanase Peltier. **Efeito Peltier**, o arrefecimento de uma junção e o aquecimento da outra quando a corrente eléctrica é mantida num circuito de material constituído por dois condutores dissimilares; o efeito é ainda mais forte em circuitos que contêm semicondutores dissimilares. É o inverso do efeito Seebeck. O efeito Peltier é reversível.

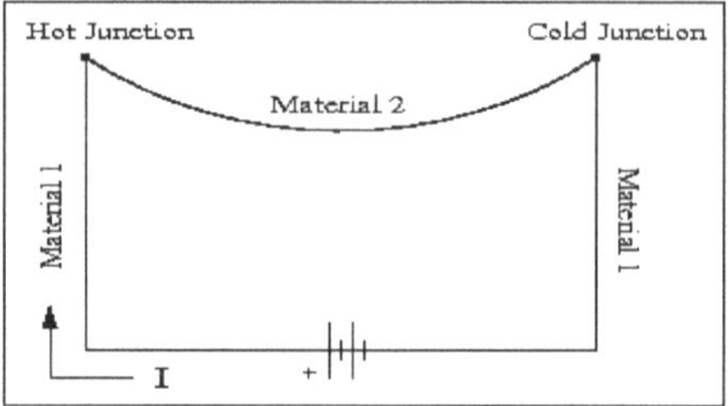

Figura 1.3 Efeito Peltier

1.2.3 EFEITO THOMSON

Este efeito foi descoberto (1854) pelo físico britânico William Thomson (Lord Kelvin). **Efeito Thomson**, a evolução ou absorção de calor quando a corrente eléctrica atravessa um circuito composto por um único material que apresenta uma diferença de temperatura ao longo do seu comprimento. Esta transferência de calor sobrepõe-se à comum produção de calor associada à resistência eléctrica às correntes nos condutores. Se um fio de cobre que transporta uma corrente eléctrica constante for sujeito a um aquecimento externo numa secção curta enquanto o resto permanece mais frio, o calor é absorvido do cobre à medida que a corrente convencional se aproxima do ponto quente, e o calor é transferido para o cobre logo após o ponto quente.

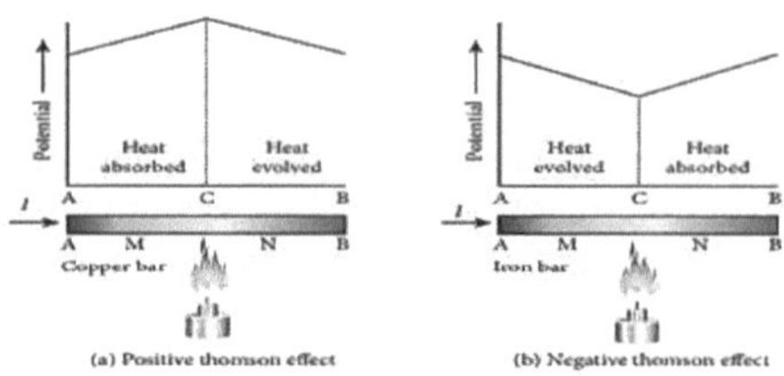

Figura 1.4 Efeito Thomson

1.3 FUNCIONAMENTO DE UM MÓDULO TEC

Um módulo termoelétrico (TE) funciona através da aplicação de uma corrente contínua de baixa tensão para mover o calor de um lado para o outro, resultando no arrefecimento de uma face e no aquecimento da face oposta. Este processo pode ser invertido alterando a polaridade da tensão, permitindo que o módulo funcione tanto para aquecimento como para arrefecimento, ideal para aplicações de controlo preciso da temperatura. Além disso, os módulos TE podem gerar energia quando um diferencial de temperatura é aplicado através deles, convertendo-o numa corrente eléctrica.

Um módulo termoelétrico típico é constituído por vários elementos feitos de materiais semicondutores dopados do tipo n e p, ligados eletricamente em série e termicamente em paralelo. Estes elementos, juntamente com as suas interligações eléctricas, são normalmente colocados entre dois substratos cerâmicos. Os substratos servem para manter a estrutura unida mecanicamente, isolando os elementos uns dos outros e das superfícies externas. Os módulos termoeléctricos são fornecidos em vários tamanhos, variando de aproximadamente 2,5 a 50 mm quadrados e 2,5 a 5 mm de altura, com opções para diferentes formas, materiais de substrato, padrões de metalização e métodos de montagem.

O elemento Peltier é composto por pastilhas semicondutoras feitas de materiais de telureto de bismuto do tipo N e do tipo P, dispostas eletricamente em série mas termicamente em paralelo. Esta configuração optimiza a transferência térmica entre as superfícies cerâmicas quentes e frias do módulo. Colocando o elemento Peltier entre duas placas de cerâmica termicamente condutoras e aplicando uma fonte de energia, o calor pode ser efetivamente transferido através do dispositivo de uma placa de cerâmica para a outra. A direção do fluxo de calor pode ser facilmente alterada invertendo o fluxo de corrente. Quando é aplicada uma tensão contínua, os portadores de carga positiva e negativa absorvem o calor de uma superfície do substrato e libertam-no para o lado oposto. Consequentemente, a superfície onde a energia é absorvida torna-se fria, enquanto a superfície oposta torna-se quente. É essencial utilizar módulos termoeléctricos com um dissipador de calor para um funcionamento eficiente.

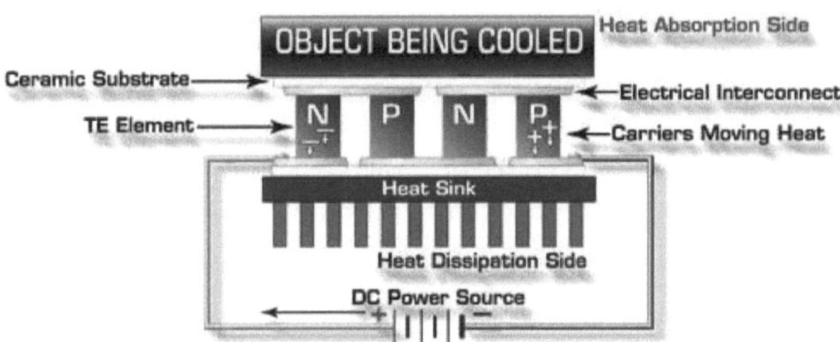

Figura 1.5 Funcionamento do módulo CTEE

O conjunto do módulo termoelétrico inclui normalmente materiais termoeléctricos de telureto de bismuto do tipo N e do tipo P, permitindo que o calor se desloque apenas numa direção, enquanto a corrente eléctrica alterna entre os substratos superior e inferior através de cada elemento N e P. Os materiais do tipo N têm um excesso de electrões, enquanto os materiais do tipo P têm uma deficiência, criando portadores que transferem energia térmica através do material. A maioria dos módulos tem um número igual de elementos do tipo N e do tipo P, formando "casais" termoeléctricos. A capacidade de arrefecimento depende da corrente contínua aplicada e das condições térmicas, permitindo a regulação do fluxo de calor e da temperatura da superfície através da variação da corrente de entrada.

1.4 MATERIAL DE MUDANÇA DE FASE

Os materiais que mudam de fase (PCM) são substâncias que absorvem e libertam energia térmica durante o processo de fusão e congelação. Quando um PCM congela, liberta uma grande quantidade de energia sob a forma de calor latente a uma temperatura relativamente constante.

1.4.1 CLASSIFICAÇÃO DOS MATERIAIS QUE MUDAM DE FASE:

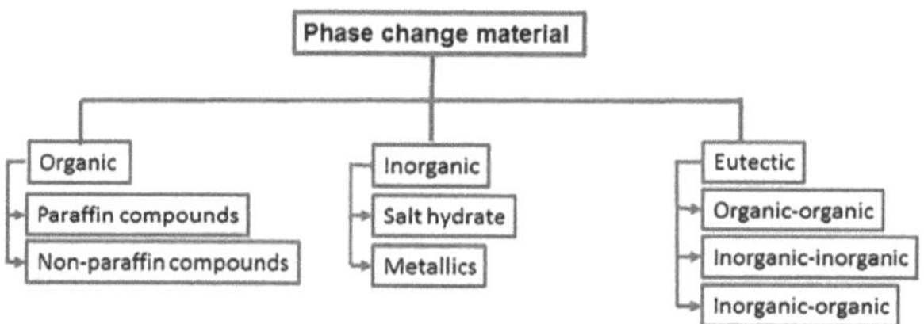

Figura 1.6 Classificação dos materiais que mudam de fase

1.4.2. CRITÉRIOS DE SELECÇÃO

O material de mudança de fase deve possuir as seguintes propriedades termodinâmicas.
- Temperatura de fusão na gama de temperaturas de funcionamento pretendida
- Elevado calor latente de fusão por unidade de volume
- Elevado calor específico, elevada densidade e elevada condutividade térmica
- Pequenas alterações de volume na transformação de fase e pequena pressão de vapor a temperaturas de funcionamento para reduzir o problema de confinamento.

- Fusão congruente
- Propriedades cinéticas
- Elevada taxa de nucleação para evitar o super arrefecimento da fase líquida.
- Elevada taxa de crescimento de cristais, para que o sistema possa satisfazer as necessidades de recuperação de calor do sistema de armazenamento.
- Propriedades químicas
- Estabilidade química
- Ciclo completo reversível de congelação/derretimento
- Sem degradação após um grande número de ciclos de congelação/derretimento
- Materiais não corrosivos, não tóxicos, não inflamáveis e não explosivos
- Propriedades económicas
- Baixo custo
- Disponibilidade

No presente trabalho, são utilizados materiais orgânicos de mudança de fase porque,

- Congelar sem muito arrefecimento.
- Capacidade de fusão congruente.
- Propriedades de auto-nucleação
- Compatibilidade com o material de construção convencional
- Sem segregação
- Quimicamente estável, seguro e não reativo.

1.5 APLICAÇÕES

1.5.1. PRODUTOS DE CONSUMO

Os elementos Peltier são normalmente utilizados em produtos de consumo. Por exemplo, os elementos Peltier são utilizados em campismo, refrigeradores portáteis, arrefecimento de componentes electrónicos e pequenos instrumentos. O efeito de arrefecimento das bombas de calor Peltier também pode ser utilizado para extrair água do ar em desumidificadores. Um refrigerador elétrico de campismo/carro pode normalmente reduzir a temperatura até 20 °C (36 °F) abaixo da temperatura ambiente. Os casacos com controlo climático estão a começar a utilizar elementos Peltier. Os refrigeradores termoeléctricos são utilizados para aumentar os dissipadores de calor dos microprocessadores. Também são utilizados em refrigeradores de vinho.

1.5.2. INDUSTRIAL

Os refrigeradores termoeléctricos são utilizados em muitos domínios do fabrico industrial e requerem uma análise minuciosa do desempenho, uma vez que enfrentam o teste de funcionamento de milhares de ciclos antes de estes produtos industriais serem lançados no mercado. Algumas das aplicações incluem equipamento laser, condicionadores de ar ou refrigeradores termoeléctricos, eletrónica industrial e telecomunicações, automóvel, mini-frigoríficos ou incubadoras, armários militares, caixas de TI e muito mais.

1.5.3. CIÊNCIA E IMAGIOLOGIA

Os elementos Peltier, conhecidos pelas suas propriedades termoeléctricas, são amplamente utilizados em vários dispositivos científicos. Em biologia molecular, são componentes integrais de termocicladores, facilitando mudanças rápidas de temperatura cruciais para processos como a PCR. Estes elementos, com circuitos de feedback, permitem um controlo preciso da temperatura, valioso em aplicações como a tecnologia laser, em que a estabilidade é fundamental. Além disso, em aplicações espaciais, ajudam a regular as temperaturas das naves espaciais e a alimentar geradores termoeléctricos de radioisótopos (RTGs). Em sistemas de deteção de fotões, como os CCD em telescópios e câmaras topo de gama, o arrefecimento Peltier minimiza as contagens escuras causadas pelo ruído térmico. Além disso, são utilizados em sistemas de arrefecimento de computadores para gerir as temperaturas dos componentes e são cruciais em aplicações de fibra ótica para estabilizar os comprimentos de onda dos lasers. O equipamento militar também utiliza o arrefecimento termoelétrico para operações no terreno.

CAPÍTULO - 2
REVISÃO DA LITERATURA

CAPÍTULO 2

REVISÃO DA LITERATURA

Neste trabalho, a literatura importante sobre arrefecimento termoelétrico, PCMs e análise relacional cinzenta foi apresentada nas secções seguintes.

2.1 ARREFECIMENTO TERMOELÉCTRICO

O Sr. Swapnil et al. [1] concebeu e analisou um sistema de aquecimento e arrefecimento que utiliza uma fonte de energia não convencional (i.e., energia solar) com a ajuda de um módulo termoelétrico que funciona segundo o princípio do efeito Peltier. Este será um sistema adequado e acessível para as pessoas que vivem em zonas remotas da Índia, onde a partilha de carga é um problema.

Sujith G1 et al. [2], desenvolveram um frigorífico termoelétrico para arrefecer um volume de 40L que utiliza o efeito Peltier para arrefecer e manter uma gama de temperaturas selecionada de 5^0 C a 25^0 C. Os requisitos do projeto são arrefecer este volume até à temperatura desejada num curto espaço de tempo e proporcionar uma retenção de pelo menos meia hora. São apresentados o projeto e o fabrico de refrigeração termoeléctrica para as aplicações necessárias.

Juan P. Trelles et al. [3], fizeram a simulação do armazenamento de energia térmica de calor latente poroso para arrefecimento termoelétrico através de uma formulação de entalpia baseada na matriz, tendo a temperatura como desconhecida, num domínio tridimensional. O sistema é constituído por dois recipientes de alumínio; o interior contém o objetivo de arrefecimento em suspensão aquosa e o exterior o material de mudança de fase (PCM) numa matriz porosa de alumínio. Os processos de carga e descarga dos sistemas são simulados para uma temperatura constante do lado frio do módulo termoelétrico (TEM) sob diferentes porosidades da matriz de alumínio. A abordagem de modelação matemática simplifica a análise, enquanto a matriz metálica no PCM melhora consideravelmente o desempenho. Uma aplicação direta do sistema estudado é a conservação de vacinas em sistemas de arrefecimento termoelétrico alimentados por energia solar.

2.2 MATERIAIS DE MUDANÇA DE FASE

K. Dharmareddy, pathi venkataramaiah e Tupakula Reddy Lokesh et al. [4] utilizaram o tiossulfato de sódio pentahidratado como material de mudança de fase para estudar o desempenho do sistema combinado de armazenamento de calor sensível e latente. O projeto experimental (Taguchi) é preparado tendo em conta os parâmetros: caudal, temperatura de entrada do fluido de transferência de calor e forma da cápsula de PCM. Os dados experimentais são analisados utilizando a lógica Fuzzy para encontrar os valores óptimos. Os valores óptimos são utilizados para desenvolver e treinar uma rede neural artificial para prever o tempo de descarga. Os valores do tempo de carga, da massa de água, do caudal, do número de cápsulas com PCM, da temperatura de entrada do fluido de transferência de calor e da temperatura final são utilizados como entradas para a rede.

K. Dharmareddy, Pathi Venkataramaiah e Poola Praveen kumar[5] utilizaram a cera de parafina como material de mudança de fase para estudar o desempenho do sistema combinado de armazenamento de calor sensível e latente. O projeto experimental (Taguchi) é preparado tendo em conta os parâmetros: caudal, temperatura de entrada do fluido de transferência de calor e forma da cápsula de PCM. Desenvolver e treinar uma rede neural artificial para prever o tempo de descarga. Os valores do tempo de carga, da massa de água, do caudal, do número de cápsulas com PCM, da temperatura de entrada do fluido de transferência de calor e da temperatura final são utilizados como entradas para a rede.

Mehling et al. [6] descreve os requisitos básicos de um material para ser utilizado como material de mudança de fase. De seguida, são discutidas diferentes classes de materiais no que diz respeito às suas propriedades, vantagens e desvantagens mais importantes. Em seguida, são apresentados exemplos de materiais de cada classe. Normalmente, um material não é capaz de cumprir todos os requisitos. Por isso, são apresentadas soluções para vários problemas comuns dos materiais. Termina com um conjunto de exemplos que mostram a gama de produtos comerciais atualmente disponíveis.

Atul Sharma et al. [7], fizeram uma tentativa de investigar e analisar os sistemas de armazenamento de energia térmica disponíveis que incorporam PCMs para utilização em diferentes aplicações.

2.3 ANÁLISE RELACIONAL CINZENTA

Mithun V Kulkarni et al. [8], investiga a influência do Casio₃ nas propriedades de impacto do Nylon6 e dos seus compósitos. Estes foram reforçados com percentagens de peso (1%, 3% e 5%) de Casio3. Os testes de impacto foram realizados nas amostras em 3 gotas diferentes e 3 gotas diferentes. Os resultados mostraram que o Casio₃ melhora significativamente a resistência ao impacto das poliamidas

Yiyo Kuo a et al. [9], esta investigação propõe um método de tomada de decisão por atributos múltiplos (MADM), a análise relacional cinzenta (GRA), para resolver este tipo de problema. Dois casos, o problema da disposição das instalações e o problema da seleção das regras de expedição, que foram analisados através da análise envoltória de dados (DEA), foram também analisados utilizando o procedimento GRA, a fim de ilustrar a utilização da GRA. No caso do problema de layout das instalações, foram considerados 18 layouts alternativos e 6 atributos de desempenho. No caso do problema de seleção de regras de despacho, foram consideradas 9 alternativas de regras de despacho e 7 atributos de desempenho. Para os dois casos examinados, os resultados das comparações mostram que a GRA é eficiente para resolver o problema MADM.

Nihat Tosun et al. [10], neste artigo, é introduzida a utilização da análise das relações cinzentas para otimizar os parâmetros do processo de perfuração no que respeita à rugosidade da superfície da peça e à altura da rebarba. Foram considerados vários parâmetros de perfuração, tais como a taxa de avanço, a velocidade de corte, os ângulos de perfuração e de ponta da broca. Foi utilizada uma matriz ortogonal para o projeto experimental. Os parâmetros óptimos de maquinagem foram determinados pelo grau de relação cinzenta obtido a partir da análise de relação cinzenta para características de desempenho múltiplo (a rugosidade da superfície e a altura da rebarba).

G. Samba Sivareddy et al. [11], utilizaram a otimização dos parâmetros de processo na moldagem por injeção de casquilhos de cames utilizando GRA e ANOVA.

2.4 LACUNAS DE INVESTIGAÇÃO

- Os materiais orgânicos foram raramente utilizados nos trabalhos literários acima referidos. Pode ser feita investigação sobre a utilização eficaz de materiais orgânicos.
- Podem ser adicionadas espumas e pós metálicos e a eficiência do PCM pode ser aumentada.

- Os PCM com baixas temperaturas de fusão podem ser utilizados para obter um efeito de arrefecimento e para manter o efeito de arrefecimento produzido.
- A investigação pode ser efectuada de modo a utilizar esta metodologia em situações da vida real.

2.5 OBJECTIVOS DO PRESENTE ESTUDO

O presente trabalho tem por objetivo

- Fabrico de um dispositivo de arrefecimento termoelétrico.
- A temperatura no interior da cabina deve situar-se entre 5^0 C e 20^0 C.
- Determinar a cópia do modelo.
- Determinação da solução óptima multiobjectivo através da análise relacional cinzenta.

CAPÍTULO - 3

METODOLOGIA

CAPÍTULO-3

METODOLOGIA

3.1 INTRODUÇÃO

Este capítulo aborda a técnica utilizada no trabalho, ou seja, a Análise Relacional Cinzenta, as etapas envolvidas na conceção do dispositivo de arrefecimento termoelétrico

3.2 ANÁLISE RELACIONAL CINZENTA

3.2.1 INTRODUÇÃO

A análise relacional cinzenta (GRA), também designada por modelo de análise de incidência cinzenta de Deng, foi desenvolvida por um professor chinês, Julong Deng, da Universidade de Ciência e Tecnologia de Huazhong. É um dos modelos mais utilizados da teoria dos sistemas cinzentos. A GRA utiliza um conceito específico de informação. Define as situações sem informação como pretas e as situações com informação perfeita como brancas. No entanto, nenhuma destas situações idealizadas ocorre em problemas do mundo real. De facto, as situações entre estes extremos são descritas como sendo cinzentas, nebulosas ou difusas.

3.2.2 ANTECEDENTES

A GRA é uma parte importante da teoria dos sistemas cinzentos, criada pelo Professor Deng em 1982. Um sistema cinzento significa um sistema em que parte da informação é conhecida e parte da informação é desconhecida. Com esta definição, a quantidade e a qualidade da informação formam um contínuo que vai da total falta de informação à informação completa - do preto ao cinzento e ao branco. Uma vez que a incerteza existe sempre, está-se sempre algures no meio, algures entre os extremos, algures na zona cinzenta. A análise cinzenta permite então chegar a um conjunto claro de afirmações sobre as soluções do sistema. Num extremo, nenhuma solução pode ser definida para um sistema com qualquer informação. No outro extremo, um sistema com informação perfeita tem uma solução única. No meio, os sistemas cinzentos darão uma variedade de soluções disponíveis. A análise cinzenta não tenta encontrar a melhor solução, mas fornece técnicas para determinar uma boa solução, uma solução adequada para problemas do mundo real.

O Dr. Sifeng Liu, aluno de Deng, baseando-se no trabalho do modelo GRA de Deng, propôs o seu próprio modelo GRA Absoluto. A teoria tem sido aplicada em vários domínios da engenharia e   da gestão. Inicialmente, o método cinzento foi adaptado para estudar eficazmente a poluição atmosférica e, posteriormente, utilizado para investigar o modelo não linear de múltiplas dimensões do impacto das actividades socioeconómicas na poluição atmosférica da cidade. Foi também utilizado para estudar a produção de investigação e o crescimento dos países.

3.2.3 PASSOS DE OPTIMIZAÇÃO COM GRA

Num problema de resposta múltipla, a influência e a relação entre os diferentes parâmetros são complexas e pouco claras. Esta situação é designada por "cinzento", o que significa informação deficiente e incerta. A metodologia proposta analisa esta incerteza complicada entre as respostas múltiplas de um determinado sistema e optimiza-o com a ajuda do grau relacional cinzento. Assim, um problema de otimização de respostas múltiplas é reduzido a um problema de otimização de resposta única, designado por grau relacional único.

Passo 1: Em primeiro lugar, os dados devem ser normalizados para evitar unidades e reduzir a variabilidade. É essencialmente necessário, uma vez que a variação de um dado difere da de outros dados. Um valor adequado é derivado do valor original para fazer a matriz entre 0 e 1. Em geral, é um método de converter os dados originais em dados comparáveis.

(a) Se a resposta tiver de ser minimizada, então quanto mais pequena melhor, as características destinam-se a ser normalizadas para a escalar para um intervalo aceitável através da seguinte fórmula

$$\theta = (y_{max} - y)/(y - y)_{maxmin}$$

(b) Se a resposta deve ser maximizada, então, quanto maior, melhor as características, pretende-se que a normalização a transforme num intervalo aceitável através da seguinte fórmula

$$\theta = (y - y_{min})/(y - y)_{maxmin}$$

Passo 2: O passo seguinte consiste em calcular o coeficiente relacional de cinzento a partir dos valores normalizados através da seguinte fórmula

$$\xi(y) = (\theta_{min} + \xi\theta_{max})/(\theta_o + \xi\theta)_{max}$$

Onde, $\xi=0,5$, que é tomado aleatoriamente,

θ_0 é a sequência de desvios e,

$\theta_0 = |\theta_{max} - \theta|$

$\theta_{max} = 1$; $\theta = 0_{min}$

Passo 3:   Determinar o grau relacional cinzento (GRG) da seguinte forma

$$\gamma = (\xi_1 + \xi_2)/2$$

Em que, γ é o grau relacional cinzento necessário para a experiência i e ξ_1, ξ_2 são coeficientes relacionais cinzentos. O grau relacional cinzento representa o nível de correlação entre as sequências de referência e a sequência de comparabilidade e é o representante global de todas as características de qualidade. Assim, o problema de otimização de resposta múltipla é convertido num problema de otimização de resposta única através da análise relacional cinzenta associada à abordagem de Taguchi.

Passo 4:   Em seguida, determina-se um nível ótimo de parâmetros do processo utilizando um grau de relação cinzenta mais elevado que indica uma melhor qualidade do produto. Para o efeito, é necessário determinar os valores médios de classificação para cada nível de parâmetro de processo, que podem ser apresentados na tabela de respostas médias. A partir da tabela de resposta média, os valores mais elevados dos valores médios de classificação são escolhidos como combinação paramétrica óptima para respostas múltiplas.

Etapa 5:   A classificação é efectuada de acordo com os valores mais elevados do grau de relação cinzenta. É possível determinar as condições adequadas para a realização da experiência.

3.3 ETAPAS ENVOLVIDAS NA CONCEPÇÃO DE UM DISPOSITIVO DE ARREFECIMENTO TERMOELÉCTRICO
3.3.1. DIMENSÕES DO MODELO

Tendo em conta as condições previstas nos objectivos, é selecionada uma cabina cúbica quadrada com as dimensões indicadas, com um volume de 16 litros de capacidade.

Dimensões exteriores da cabina=   0,30 x 0,30 × 0,30m

Dimensões interiores da cabina   = 0,252 x 0,252 × 0,252 m

É selecionada outra cabina de 30 litros de capacidade, de forma retangular, com as dimensões indicadas.

Dimensões exteriores da cabina= 0,55 x 0,35 × 0,25m

Dimensões interiores da cabina = 0,50 x 0,30 × 0,20 m

3.3.2. MATERIAIS

É efectuado o estudo dos melhores materiais condutores entre o lado frio do módulo TEC e a cabina de arrefecimento. Os materiais condutores estudados foram o alumínio, o cobre e o latão.

Tabela 3.1 Propriedades dos materiais condutores

Material condutor	Condutividade térmica (W/m K)	Densidade (Kg/ m)^3
Alumínio	205	2698
Cobre	385	8940
Latão	115	8470

Embora o cobre tenha uma elevada condutividade térmica, é altamente corrosivo. No presente trabalho, o material condutor deve estar em contacto direto com o material de mudança de fase, o que limita a utilização do cobre, independentemente das suas vantagens. Do mesmo modo, o latão forma uma mancha negra quando entra em contacto com o PCM. Assim, o alumínio, que tem baixa densidade e elevada resistência à corrosão, é considerado o melhor material condutor no presente trabalho. Além disso, ao utilizar o alumínio, o processo de descarga do PCM será melhorado.

No presente trabalho, o PCM utilizado converter-se-á de líquido em sólido e vice-versa. Para transportar o PCM líquido, é necessária uma bolsa ou tomada. O suporte com as dimensões necessárias é projetado em Solid Works e, em seguida, o suporte é fabricado com o material condutor alumínio, como se mostra a seguir.

3.3.2.1. Chapas de alumínio

As folhas de alumínio com espessuras de 1mm e 2mm, que têm uma condutividade térmica de 205 W/ m-K, são utilizadas para fazer as tomadas. As folhas de alumínio de 2 mm de espessura estão em contacto direto com os lados frios dos módulos TEC. As folhas de 1 mm de espessura são dobradas em forma de L nos cantos e depois unidas às folhas de 2 mm de espessura com a ajuda de um material adesivo de silicone.

O desenho da tomada é feito em Solid Works, como mostra a figura (4.1). O espaço entre as folhas é preenchido com PCM orgânico n-Butyl Stearate.

3.3.2.2. RPE

As placas de poliestireno expandido (EPS), com 50 mm de espessura, 30 kg/m^3 de densidade e 0,033 W/m-K de condutividade térmica, são utilizadas para proteger as perdas de temperatura da cabina.

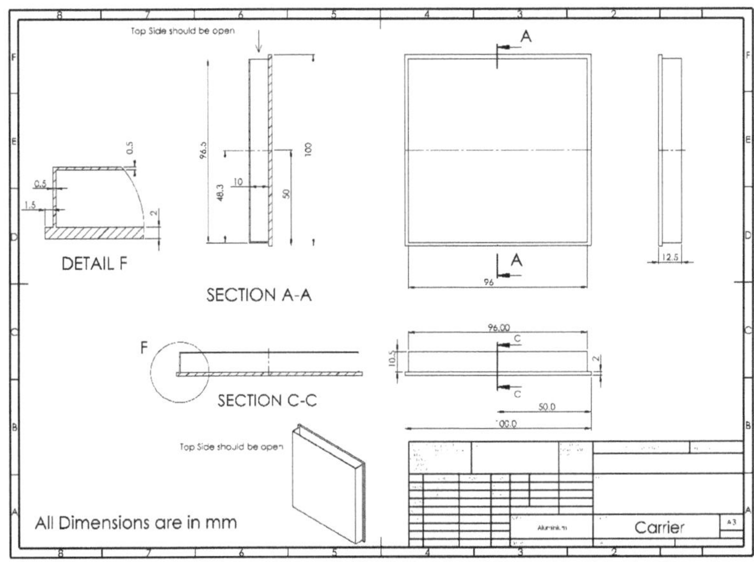

Figura 3.1 Conceção do suporte para transportar material de mudança de fase

3.3.2.3 Materiais de mudança de fase

O PCM orgânico n-Butyl Stearate com as propriedades indicadas na tabela 3.2 é vertido em duas bases de alumínio com dimensões interiores de 10cm×10cm×1cm. Estas bases de alumínio são fixadas no lado frio do módulo TEC. O tempo necessário para atingir a temperatura desejada é registado para cada 10 minutos. De igual modo, outro material que muda de fase, o estearato de n-butilo, com as propriedades indicadas na tabela 3.2, é vertido em duas bases de alumínio com dimensões interiores de 10 cm × 10 cm × 1 cm. Estas bases de alumínio são fixadas no lado frio do módulo TEC. O tempo necessário para atingir a temperatura desejada é registado para cada 10 minutos.

Fórmula	Densidade	Ponto de ebulição	Ponto de fusão	Calor de fusão
$C\,H\,O_{22442}$	$0{,}861$ g/cm^3	343 C^0	17 C^0	135 (kJ/kg)

3.3.3 PROCEDIMENTO DE CONCEPÇÃO DE UM DISPOSITIVO TERMOELÉCTRICO.

Para conceber um modelo de sistema de arrefecimento termoelétrico, o passo crucial envolve a compreensão do conceito de carga térmica. A carga térmica é a quantidade de energia térmica a ser removida de um ambiente interno. Com base na carga térmica calculada, é selecionado um módulo TEC adequado para o modelo. Cada módulo TEC tem uma capacidade única no processo de remoção de calor. Para atingir os objectivos exigidos pelo projeto, a quantidade de calor a remover da cabina é obtida a partir dos cálculos da carga térmica. Após a seleção do módulo TEC, é observada a diferença de desempenho do dispositivo sem e com a aplicação de PCM.

3.3.4. CÁLCULO DA CARGA TÉRMICA

A carga térmica pode ser classificada como (i) carga ativa e (ii) carga passiva.

Em muitas aplicações termoeléctricas, a carga ativa pode ser negligenciada, pelo que não é necessário calcular a carga ativa. A carga passiva é definida como uma pequena quantidade de energia que deve entrar e sair continuamente da carga para manter um gradiente de temperatura entre o sistema e o ambiente. No presente trabalho, o principal objetivo é manter a temperatura no interior da cabina inferior à temperatura ambiente. Apesar de se ter o máximo cuidado com o isolamento, é possível que haja algumas fugas no sistema. A carga passiva através das paredes verticais é calculada considerando as componentes de transferência de calor por condução e convecção, a partir da seguinte equação:

$$Q_v = \frac{\Delta T.A}{\frac{1}{h}+\frac{L}{k}}$$

3.3.5. CONCEPÇÃO DO DISPOSITIVO

Os valores obtidos a partir dos cálculos necessários para a conceção do sistema são: Carga térmica $Q_{TP} = 25$ W; temperatura do ar ambiente $T_A = 36^0$ C; temperatura necessária no interior da cabina $T_C = 5$ a 20^0 C. Agora, com a ajuda destes valores conhecidos, temos de identificar o seguinte:

i. Temperatura do lado quente do módulo termoelétrico $(T)_H$

ii. Gradiente de temperatura através do módulo termoelétrico (ΔT)

3.3.5.1. *Temperatura do lado quente do módulo termoelétrico $(T)_H$*

A temperatura do lado quente do módulo termoelétrico é dada pela equação:

$$T_H = T_A + (V \times I + Q)\, R_T$$

Onde, T_A = Temperatura ambiente

Q = Carga passiva total

$(V \times I)$ = Potência do módulo termoelétrico

R_T = Resistência térmica $(^0$ C/W)

Ao projetar o dispositivo termoelétrico, é feita uma suposição para a temperatura do dissipador de calor, ou seja, a temperatura do dissipador de calor não deve ultrapassar 15^0 C mais do que a temperatura ambiente. Por conseguinte, a temperatura do lado quente do módulo termoelétrico $(T_H) = 36^0$ C $+ 15^0$ C $= 51^0$ C.

3.3.5.2. *Gradiente de temperatura através do módulo termoelétrico (ΔT).*

A diferença de temperatura sobre o módulo termoelétrico pode ser obtida subtraindo a temperatura necessária a manter no interior da cabina (T_C) da temperatura do lado quente do módulo termoelétrico (T_H).

Por conseguinte, $\Delta T = T_H - T_C = 51^0$ C $- 10^0$ C $= 41^0$ C.

3.3.6. PROCEDIMENTO DE SELECÇÃO DO ARREFECIMENTO TERMOELÉCTRICO MÓDULO (TEC).

Um módulo TEC deve ter a capacidade de arrefecer e manter uma temperatura adequada no interior da cabina e, além disso, o modelo do módulo TEC deve corresponder às restrições dimensionais do projeto. Um módulo de arrefecimento termoelétrico adequado é selecionado com base nos valores calculados, como a carga térmica Q, as perdas de calor, o gradiente de temperatura (ΔT), a potência de entrada, etc. Os módulos termoeléctricos são capazes de funcionar em dois modos limite:

i. Q_{max} modo de capacidade máxima de arrefecimento, a ΔT = 0;

ii. $\Box T_{max}$ modo de arrefecimento máximo do objeto, a $Q_C = 0$

Além disso, na prática, é aplicado o modo de funcionamento combinado. A capacidade máxima de arrefecimento de um módulo (Q cmax) é determinada a partir da fórmula:

$$Q_{cmax} = \frac{Qc \times \Delta T\ max}{\Delta T\ max - \Delta T}$$

Em que Q_c = capacidade de arrefecimento

$\Box T_{max}$ = diferença máxima de temperatura através do módulo (72^0 C para a fase única)

Em seguida, um módulo TEC com capacidade máxima de arrefecimento igual ou superior à capacidade máxima de arrefecimento calculada é selecionado a partir das tabelas de dados de desempenho do módulo TEC. Observa-se que o módulo TEC1-12715 cumpre os requisitos de conceção do dispositivo. No presente trabalho, são utilizados 4 módulos TEC para obter a potência nominal ou a capacidade de arrefecimento. Podemos aplicar mais módulos TEC no projeto para reduzir o tempo necessário para atingir a temperatura desejada na cabina.

Quadro 3.3 Especificações do CTEE

Número do modelo	Tensão de funcionamento	Máximo Atual	Tensão máxima	Potência nominal	Casais	Dimensões
TEC1-12715	12V DC	15 Ampolas	15.4 V	92.4	127	40 x 40 x 3,5 mm

3.3.7. SELECÇÃO DO *DISSIPADOR* DE CALOR

Com base no pressuposto da temperatura do dissipador de calor, ou seja, a temperatura do dissipador de calor não deve ser superior à temperatura ambiente em mais de 15^0 C, deve ser utilizado um sistema eficaz de remoção de calor. Os diferentes tipos de dissipadores de calor são os seguintes (i) dissipador de calor por convecção natural, (ii) dissipador de calor por convecção forçada e (iii) dissipador de calor arrefecido a líquido. Neste trabalho, o sistema de convecção forçada, ou seja, as ventoinhas, é utilizado para afastar o calor do lado quente do módulo termoelétrico para o ambiente. Geralmente, a resistência térmica (R_T) dos dissipadores de calor de convecção forçada varia entre $0,10^0$ C/ W e $0,5^0$ C/ W.

Substituindo os valores de T_A , V, I, e Q na equação $T_H = T_A + (V \times I + Q)\, R_T$ e o valor de R_T é determinado e deve ser verificado se está dentro do intervalo.

$R_T = (T - T_{HA}) / (V \times I + Q) = (50-36) / (12 \times 5 + 20) = 0,175$ C/W ^{0}

Por conseguinte, no presente projeto, a utilização de um módulo TEC1-12706 com um sistema de arrefecimento por convecção forçada satisfaz as especificações exigidas.

CAPÍTULO - 4

INSTALAÇÃO EXPERIMENTAL

CAPÍTULO-4

CONFIGURAÇÃO EXPERIMENTAL

4.1 CONFIGURAÇÃO EXPERIMENTAL

A figura 4.1 apresenta um diagrama esquemático da instalação experimental. Esta consiste num painel solar a partir do qual a irradiação solar é convertida em eletricidade e armazenada na bateria. Como a potência obtida da bateria é baixa, para amplificar a potência obtida, é utilizado um inversor. O inversor converte a energia CC em energia CA. Em seguida, a energia CA do inversor é convertida em energia CC com a ajuda de um retificador, para que o dispositivo de arrefecimento termoelétrico possa ser alimentado sem interrupções. Os módulos TEC presentes no dispositivo de arrefecimento termoelétrico recebem a alimentação de corrente contínua do retificador e criam lados quentes e frios em cada uma das suas faces. No lado frio do módulo TEC é fixada uma tomada de alumínio. Este suporte de alumínio retém o PCM e aumenta a condutividade térmica do PCM. O material orgânico de mudança de fase n-Estearato de butilo é vertido no suporte e os valores como o tempo, a temperatura da cabina e a temperatura do PCM são tabelados. Durante o carregamento do PCM, a temperatura da cabina diminui lentamente, mas quando o PCM está completamente carregado, a temperatura da cabina desce rapidamente. Os benefícios do processo de descarga do PCM são utilizados quando a fonte de alimentação é interrompida; a cabina permanece a uma temperatura baixa durante pelo menos meia hora. As propriedades termofísicas dos PCMs são apresentadas na tabela 4.1.

Quadro 4.1 Propriedades do estearato de n-butilo

Fórmula	Densidade	Ponto de ebulição	Ponto de fusão	Calor de fusão
$CH_3 (CH)_{216} COO(CH)_{23}$ CH_3	0,861 g/cm^3	343 C^0	17 C^0	135 (kJ/kg)

FABRICO DE UM DISPOSITIVO TERMOELÉCTRICO

O modelo com as dimensões pretendidas é montado como mostra a figura. O dispositivo é alimentado por uma bateria que é carregada a partir da energia solar. É fixado um termómetro digital para verificar a temperatura no interior da cabina. É utilizado outro termómetro digital para verificar a temperatura do PCM.

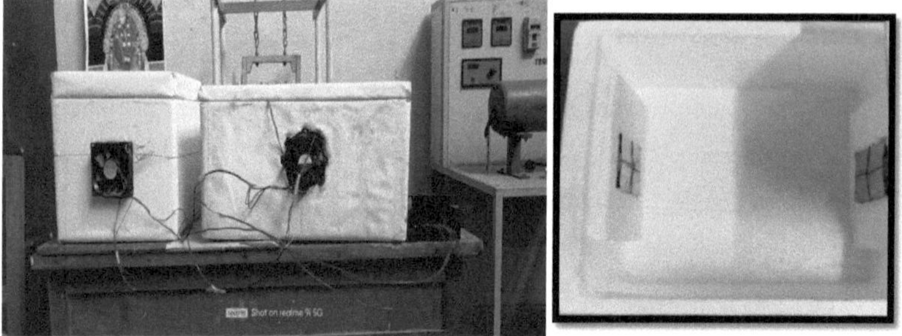

Figura 4.1 Instalação experimental: (i) Instalação geral (ii) Interior da cabina

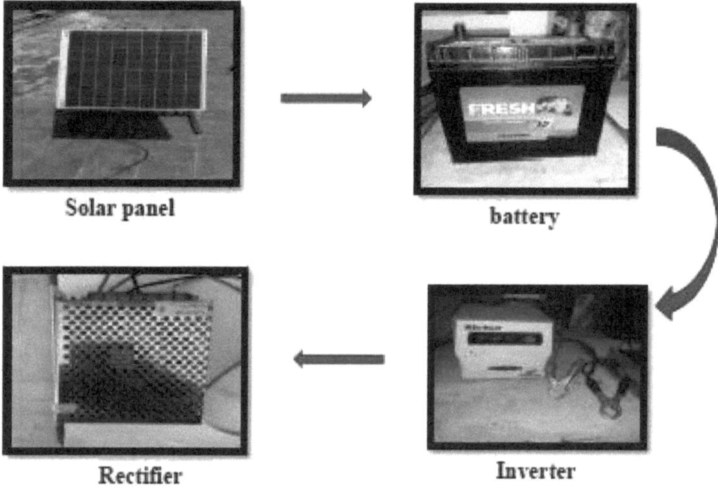

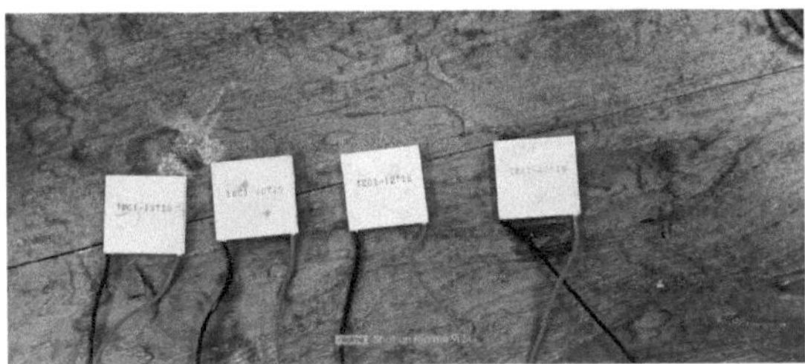

Figura 4.3 Módulo TEC

Figura 4.4 Base de alumínio, adesivo de silicone, pasta do dissipador de calor

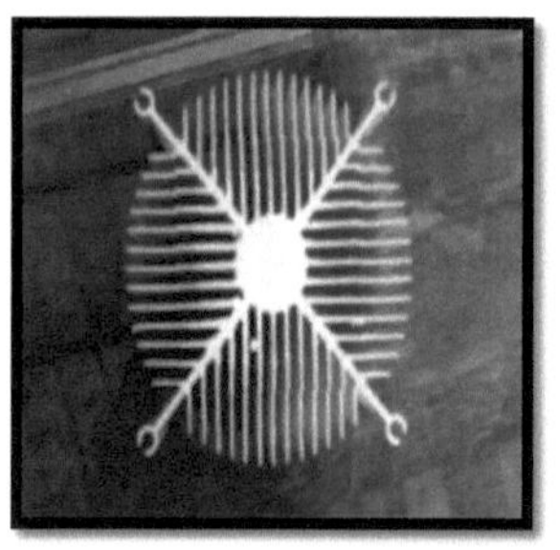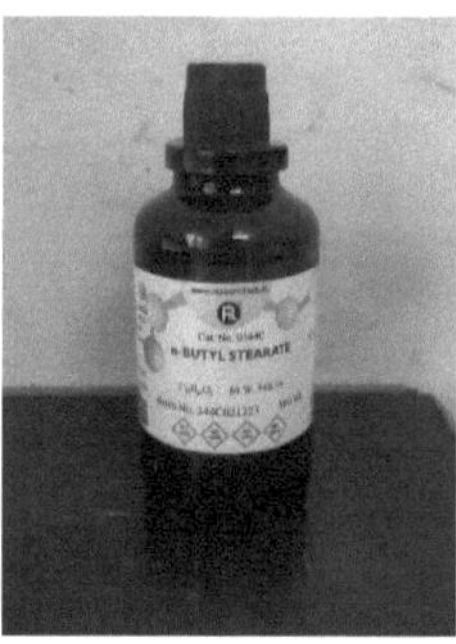

Figura 4.5 Dissipador de calor por convecção forçada: Aletas; ventilador, PCM orgânico n-Estearato de butilo

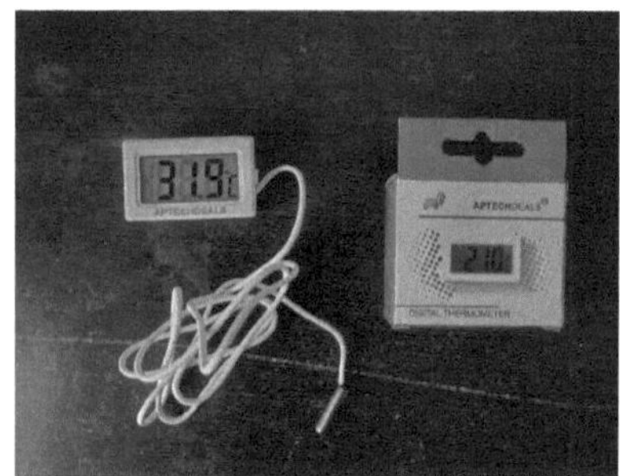

Figura 4.6 Termómetros digitais: (i) para verificar a temperatura da cabina (ii) para verificar a temperatura do PCM

4.2 EXPERIMENTAÇÃO

As experiências são realizadas no dispositivo de arrefecimento termoelétrico de base solar concebido com e sem a aplicação de materiais de mudança de fase no lado frio dos módulos TEC. Os parâmetros como o tempo necessário para arrefecer a cabina, a temperatura da cabina com e sem a aplicação de PCMs são tabelados.

4.3 DADOS EXPERIMENTAIS PARA O PROCESSO DE CARREGAMENTO (ARREFECIMENTO)

As experiências são realizadas num dispositivo de arrefecimento termoelétrico com dois volumes diferentes de cabinas, ou seja, uma cabina com um volume de 16 litros de capacidade e outra cabina com 30 litros de capacidade. As experiências são efectuadas em ambas as cabinas com e sem a aplicação de materiais de mudança de fase. Os valores a registar durante a execução da experiência são o tempo necessário para a cabina atingir a temperatura mínima máxima atingível e a temperatura da cabina.

Tabela 4.2 Dados tabulados para o carregamento da cabina de 16 L com & sem a aplicação de PCM

S. Não.	Tempo (Minutos)	Temperatura (^{0} C)	
		Sem PCM	Com PCM
1	0	34	34
2	10	27.6	32
3	20	22.3	30.3
4	30	15.6	28.5
5	40	12	25.1
6	50	10.3	23.5
7	60	7.1	21
8	70	6.2	19.8
9	80	5.2	18.1
10	90	-	17.9
11	100	-	17.5
12	110	-	17.1
13	120	-	16.8
14	130	-	15.1
15	140	-	12.7
16	150	-	10.2
17	160	-	8.8

18	170	-	6.2
19	180	-	5.7
20	190	-	5
21	200	-	4.9

Tabela 4.3 Dados tabelados para o carregamento da cabina de 30 L com e sem a aplicação de PCM

S. Não.	Tempo (Minutos)	Temperatura (^{0} C)	
		Sem PCM	Com PCM
1	0	34	34
2	10	29.1	33.1
3	20	24.8	31.5
4	30	20	29
5	40	17.4	26.5
6	50	15.5	24.2
7	60	12.3	23.6
8	70	9.1	22.1
9	80	7.9	21.7
10	90	6	20.5
11	100	5.6	19.1
12	110	-	17.9
13	120	-	17.1
14	130	-	16.8
15	140	-	16.5
16	150	-	15
17	160	-	13.2
18	170	-	11.7
19	180	-	9.3
20	190	-	7.6
21	200	-	6.4
22	210	-	5.9
23	220	-	5.4

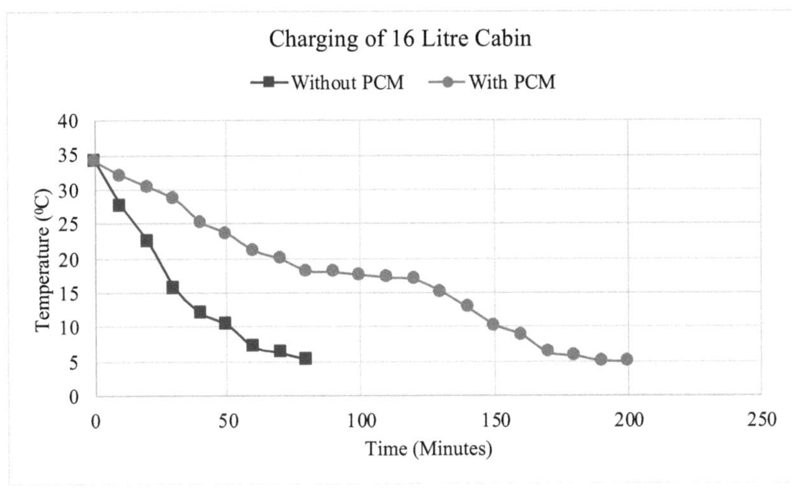

Figura 4.7 a) Comportamento de arrefecimento da cabina de 16 L com e sem PCM

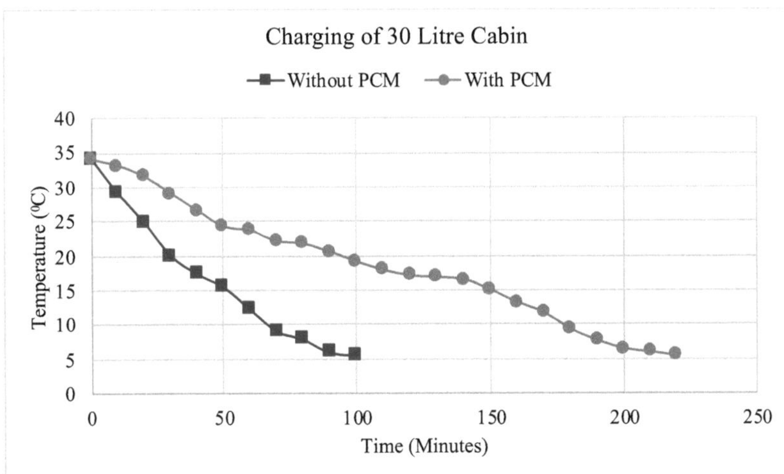

Figura 4.7 b) Comportamento de arrefecimento da cabina de 30 L com e sem PCM

4.4 DADOS EXPERIMENTAIS PARA O PROCESSO DE DESCARGA

As experiências são realizadas num dispositivo de arrefecimento termoelétrico com dois volumes diferentes de cabinas, ou seja, uma cabina com um volume de 16 litros de capacidade e outra cabina com 30 litros de capacidade. O processo de descarga ocorre quando não há alimentação de energia no dispositivo de arrefecimento termoelétrico. As experiências são efectuadas em ambas as cabinas com e sem a aplicação de materiais de mudança de fase. Os valores a tabular durante a execução da experiência são o tempo necessário para a cabina atingir a temperatura ambiente e a temperatura da cabina. Observa-se que a cabina com material de mudança de fase no lado frio do módulo de arrefecimento termoelétrico tem uma capacidade de descarga elevada em comparação com a cabina sem material de mudança de fase.

Tabela 4.4 Dados tabulados para o descarregamento da cabina de 16 L com e sem a aplicação de PCM

S. Não.	Tempo (Minutos)	Temperatura (^{0} C)	
		Sem PCM	Com PCM
1	0	5.2	4.9
2	20	6.7	5.9
3	40	9.1	6.4
4	60	11.5	7.2
5	80	13.7	7.9
6	100	17.5	8.3
7	120	18.6	8.9
8	140	20.1	9.7
9	160	22.4	10.4
10	180	25.1	11.6
11	200	28.6	12.5
12	220	30.2	13.1
13	240	33.1	13.9
14	250	33.9	14.4
15	260	-	14.9
16	280	-	15.2
17	300	-	15.9
18	320	-	16.1
19	340	-	16.8

20	360	-	17
21	380	-	17.8
22	400	-	18
23	420	-	18.9
24	440	-	19.6
25	460	-	21.5
26	480	-	22.4
27	500	-	23.9
28	520	-	25.3
29	540	-	26.5
30	560	-	28.4
31	580	-	30.2
32	600	-	31.9
33	620	-	33.6
34	630	-	34.1

Tabela 4.5 Dados tabulados para o descarregamento da cabina de 30 L com e sem a aplicação de PCM

S. Não.	Tempo (Minutos)	Temperatura (^{0} C)	
		Sem PCM	Com PCM
1	0	5.6	5.4
2	20	8.5	6.7
3	40	11.7	7.5
4	60	15.9	8.3
5	80	19.3	9.2
6	100	23.6	10.4
7	120	26.4	12
8	140	27.8	12.8
9	160	29.9	13.9
10	180	31	14.6
11	200	33.1	15.7
12	210	34	16.5
13	220	-	17.1
14	240	-	17.6

15	260	-	17.8
16	280	-	18.1
17	300	-	19.3
18	320	-	21.5
19	340	-	22.2
20	360	-	23.9
21	380	-	25.6
22	400	-	26.8
23	420	-	28
24	440	-	29.7
25	460	-	31.4
26	480	-	32.7
27	500	-	33.1
28	520	-	33.8

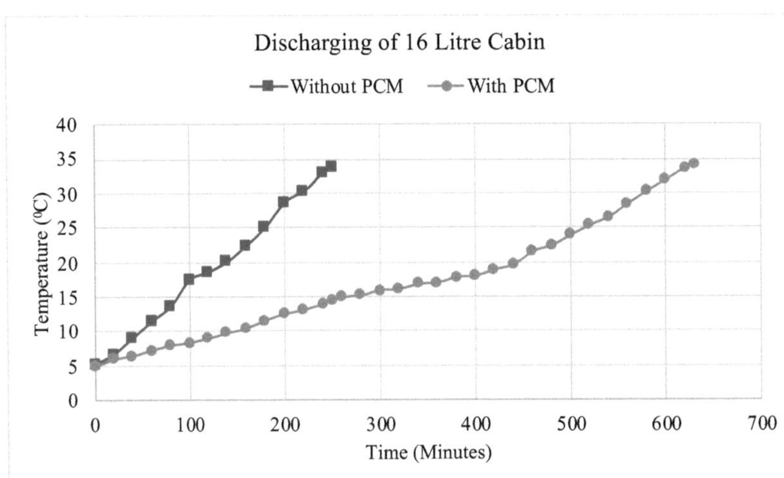

Figura 4.8 a) Comportamento de descarga da cabina de 16 L com e sem PCM

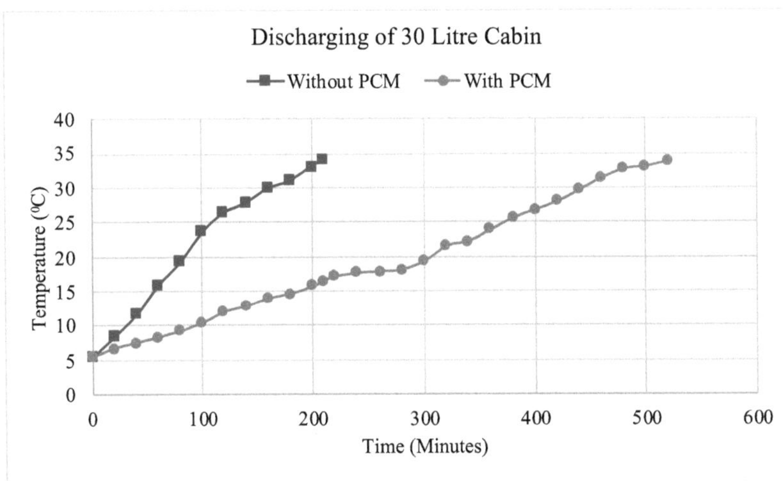

Figura 4.8 b) Comportamento de descarga da cabina de 30 L com e sem PCM

CAPÍTULO -5

RESULTADOS E DISCUSSÃO

CAPÍTULO-5

RESULTADOS E DEBATES

5.1 CÁLCULO DA ENERGIA SOLAR

5.1.1 QUANDO O PAINEL ESTÁ FIXO EM ESTADO ESTACIONÁRIO

Quando o painel está numa posição fixa, os valores das tensões são medidos com um multímetro e um amperímetro, utilizando um reóstato, e a potência é calculada a partir de P=VI para diferentes intervalos de tempo.

Tabela 5.1 Cálculo da potência CC a partir da tensão e da corrente obtidas

Tempo (minutos)	Tensão(V)	Corrente(A)	Potência DC (W)
9:30	19.93	2.47	49.23
10:00	19.90	2.5	49.75
10:30	19.81	2.36	46.75
11:00	19.87	2.15	42.72
11:30	19.77	1.98	39.14
12:00	19.80	1.93	38.21
12:30	19.63	1.65	32.39

5.1.2 CONVERSÃO DE CORRENTE CONTÍNUA EM CORRENTE ALTERNADA

Quando o painel solar está numa posição fixa, multiplicando a eficiência do inversor por 0,9 para a potência CC. A potência AC pode ser obtida.

Tabela 5.2 Conversão de energia CC em energia CA

Tempo (minutos)	Potência DC (W)	Potência AC (W)
9:30	49.23	44.3
10:00	49.75	44.77
10:30	46.75	42.07
11:00	42.72	38.44
11:30	39.14	5.22

| 12:00 | 38.21 | 34.38 |
| 12:30 | 32.39 | 29.15 |

5.1.3 CÁLCULOS

- Número total de células utilizadas no painel solar 54
- Tensão de cada célula 0,5 V
- Tensão máxima obtida do painel=54×0,5=27 V
- A capacidade da bateria utilizada é de 12 V- 26Ah
- Corrente média disponível =2,3A
- Número de horas necessárias para carregar a bateria =26/2,3=11,3 horas
- A capacidade da bateria é de 26Ah
- A capacidade do frigorífico é de 12V -92W
- A corrente consumida pela bateria é de 15A
- O tempo necessário para a descarga da bateria é = 4,3 horas

5.2 CÁLCULOS DE CARGA TÉRMICA

Os dois elementos da carga térmica nos sistemas de refrigeração termoeléctrica incluem cargas activas e passivas.

A carga ativa é considerada sempre que parte da carga produz efetivamente calor. Por exemplo, num circuito eletrónico, o circuito dissiparia watts em função dos seus requisitos de tensão e corrente. Muitas aplicações de ET não têm uma carga ativa e este termo pode ser totalmente descartado nestes casos. Para manter uma diferença de temperatura entre a carga térmica do sistema e o ambiente, uma pequena quantidade de energia deve ser continuamente movida para dentro e para fora da carga. A taxa a que esta energia é movimentada é a carga passiva.

Com um sistema TE, o principal objetivo é manter a carga térmica mais fria do que a temperatura ambiente. Mas, infelizmente, por melhor que seja a conceção do sistema, haverá algumas fugas no sistema. Não existe isolamento disponível com uma resistência térmica infinita, pelo que algum calor passará através da linha primária de defesa. Além disso, os vedantes utilizados para lidar com os inevitáveis orifícios também serão imperfeitos. Assim, numa aplicação de arrefecimento, ocorrerá alguma fuga de calor para a carga térmica a partir do ambiente.

5.2.1 CARGA TÉRMICA PASSIVA

Primeiro, temos de identificar a maior diferença de temperatura que pode ocorrer entre a carga térmica e o ambiente. Para o arrefecimento, qual é a temperatura ambiente mais elevada e qual o frio que a carga terá de ter nessa circunstância. Este é geralmente o pior caso. Se concebermos o sistema de forma a termos a capacidade de arrefecimento necessária no pior caso, teremos potencial mais do que suficiente para todas as outras situações. O pior caso de diferença entre as temperaturas ambiente e de carga será a diferença de temperatura, 'ΔT' nas equações que se seguem. Incluindo os componentes de transferência de calor condutivo e convectivo da carga, podemos utilizar esta equação:

$$Q = \frac{\Delta T.A}{\frac{L}{K}+\frac{1}{h}}$$

5.2.2. CÁLCULO DA CARGA TÉRMICA PASSIVA

(a) Carga térmica passiva para cabina de 16L sem PCM e tomada:

$$Q = \frac{\Delta T.A}{\frac{L}{K}+\frac{1}{h}}$$

Em que Q   = Carga térmica passiva

    ΔT   = Diferença de temperatura entre a temperatura ambiente e temperatura da cabina.

    A   = Área de transferência de calor = 10 cm × 10 cm.

    L   = Espessura do material = 2 mm.

    K   = Condutividade térmica do alumínio; K Al = 205 W/m-K.

    H   = Coeficiente de transferência de calor por convecção do ar; h_{air} = 10 W/m^2 - K.

- Para cabina de 16L $Q = \frac{(34-5.2)\times10\times10\times10^{-4}}{\frac{2\times10^{-3}}{205}+\frac{1}{10}}$ = 2.8797 W

- A carga térmica passiva é efectuada a partir de dois lados da cabina, ou seja, para uma cabina de 16L sem PCM e tomada Q = 5,7594 W.

(b) Carga térmica passiva para uma cabina de 16 litros com estearato de n-butilo como PCM e tomada de PCM:

$$Q = \frac{\Delta T.A}{\frac{L_1}{K_1}+\frac{1}{h}+\frac{L_2}{K_2}+\frac{L_3}{K_3}}$$

Em que Q $\quad$ = Carga térmica passiva

$\quad$ $\Box$T $\quad$ = Diferença de temperatura entre a temperatura ambiente e a cabina temperatura

$\quad$ A $\quad$ = Área de transferência de calor = 10cm × 10 cm

$\quad$ L_1 $\quad$ = Espessura do material = 2mm

$\quad$ K_1 $\quad$ = Condutividade térmica do alumínio; K_{Al} = 205 W/m-K

$\quad$ L_2 $\quad$ = Espessura do material = 1mm

$\quad$ K_2 $\quad$ = Condutividade térmica do alumínio; K_{Al} = 205 W/m-K

$\quad$ L_3 $\quad$ = espessura do PCM n-Butyl Stearate na base do PCM = 1mm

$\quad$ K_3 $\quad$ = Condutividade térmica do estearato de n-butilo = 0,154 W/ m-K

$\quad$ h $\quad$ = Coeficiente de transferência de calor por convecção do ar; h_{air} = 10 W/m^2 - K

- Para cabina 16L $Q = \dfrac{(34-4.90)\times 10\times 10\times 10^{-4}}{\frac{2\times 10^{-3}}{205}+\frac{1}{10}+\frac{1\times 10^{-3}}{205}+\frac{1\times 10^{-3}}{0.154}} = 2.7321$ W

- A carga térmica passiva é efectuada a partir de dois lados da cabina, ou seja, para uma cabina de 16L com estearato de n-butilo como PCM na tomada de PCM Q = 5,4643 W.

(c) Carga térmica passiva para cabina de 30L sem PCM e tomada:

$$Q = \frac{\Delta T.A}{\frac{L}{K}+\frac{1}{h}}$$

Em que Q $\quad$ = Carga térmica passiva

$\quad$ $\Box$T $\quad$ = Diferença de temperatura entre a temperatura ambiente e a cabina temperatura

$\quad$ A $\quad$ = Área de transferência de calor = 10cm × 10 cm

$\quad$ L $\quad$ = Espessura do material = 2mm

$\quad$ K $\quad$ = Condutividade térmica do alumínio; K Al = 205 W/m-K

$\quad$ h $\quad$ = Coeficiente de transferência de calor por convecção do ar; h_{air} = 10 W/m^2 - K

- Para cabina de 30L $Q = \dfrac{(34-5.6)\times 10\times 10\times 10^{-4}}{\frac{2\times 10^{-3}}{205}+\frac{1}{10}} = 2.8397$ W

- A carga térmica passiva é efectuada a partir de dois lados da cabina, ou seja, para uma cabina de 30L sem PCM e tomada Q = 5,6794 W.

(d) Carga térmica passiva para uma cabina de 30 litros com estearato de n-butilo como PCM e tomada de PCM:

$$Q = \frac{\Delta T.A}{\frac{L1}{K1} + \frac{1}{h} + \frac{L2}{K2} + \frac{L3}{K3}}$$

Em que Q = Carga térmica passiva

ΔT = Diferença de temperatura entre a temperatura ambiente e a cabina

temperatura

A = Área de transferência de calor = 10cm × 10 cm

L_1 = Espessura do material = 2mm

K_1 = Condutividade térmica do alumínio; K_{Al} = 205 W/m-K

L_2 = Espessura do material = 1mm

K_2 = Condutividade térmica do alumínio; K_{Al} = 205 W/m-K

L_3 = espessura do PCM n-Estearato de butilo na base do PCM = 1mm

K_3 = Condutividade térmica do estearato de n-butilo = 0,154 W/m-K

h= Coeficiente de transferência de calor por convecção do ar; h_{air} = 10 W/m^2

- K

- Para cabina de 30L $Q = \frac{(34-5.4)\times10\times10\times10^{-4}}{\frac{2\times10^{-3}}{205} + \frac{1}{10} + \frac{1\times10^{-3}}{205} + \frac{1\times10^{-3}}{0.154}} = 2.6852$ W

- A carga térmica passiva é efectuada a partir de dois lados da cabina, ou seja, para uma cabina de 30 L com estearato de n-butilo como PCM na tomada de PCM Q = 5,3704 W.

5.3 COEFICIENTE DE DESEMPENHO

O COP é definido como o rácio entre o efeito desejado e a entrada de trabalho. Um COP mais elevado indica um custo de funcionamento mais baixo.

5.3.1 CÁLCULO DO CO-P

Ao calcular o COP, considera-se que a eficiência do módulo TEC é de 15%.

(a) COP para cabina de 16L sem PCM e tomada:

$$\text{COP} = \frac{Q/time}{W_{in}} \; ; Q = m \, C_v \, \Delta T; \; Win = V \times I + \text{ventiladores}$$

Onde m= massa a ser arrefecida =16L ~16Kg

C_v = 0,718 KJ/Kg-K

$\Box$T= Diferença de temperatura entre a temperatura ambiente e a cabina

temperatura

= tempo necessário para obter a temperatura desejada, em segundos

V = tensão de entrada = 12V

I = Corrente de entrada = 15A

- $COP = \dfrac{(16\times0.718\times1000)(34-5.2)/80\times60}{(12\times15)+2} = 0.38293$

(b) COP para cabina de 16L com PCM n-Estearato de butilo na tomada de PCM:

Quando o PCM é considerado, o calor latente também deve ser considerado no cálculo do COP.

$$COP = \frac{Q/time}{W_{in}} \; ; Q = m\,C_v\,\Delta T + mL; \; Win = V\times I + ventiladores$$

Sendo m = massa a arrefecer=16L ~16Kg

C_v = 0,718 KJ/Kg-K

$\Box$T = Diferença de temperatura entre a temperatura ambiente e a temperatura da cabina temperatura da cabina

L = Calor latente de vaporização do estearato de n-butilo = 135 KJ/Kg-K

Tempo = tempo necessário para obter a temperatura desejada, em segundos

V = tensão de entrada = 12V

I = Corrente de entrada = 15A

- $COP = \dfrac{\dfrac{(16\times0.718\times1000)(34-4.9)+(16\times135\times10^{3})}{200\times60}}{(12\times15)+2} = 1.15476$

(c) COP para cabina de 30L sem PCM e tomada:

$$COP = \frac{Q/time}{W_{in}} \; ; Q = m\,C_v\,\Delta T; \; Win = V\times I + ventiladores$$

Em que m = massa a arrefecer=30L ~30Kg

C_v = 0,718 KJ/Kg-K

$\Box$T= Diferença de temperatura entre a temperatura ambiente e a cabina

temperatura

Tempo=   tempo necessário para obter a temperatura pretendida, em segundos

    V=   tensão de entrada = 12V

    I=   Corrente de entrada = 6A

- $COP = \dfrac{(30 \times 718)(34-4.2)/100 \times 60}{12 \times 15 + 2} = 0.56642$

(d) COP para cabina de 30L com PCM n-Estearato de butilo na tomada de PCM:

Quando o PCM é considerado, o calor latente também deve ser considerado no cálculo do COP.

$$COP = \frac{Q/time}{W_{in}} \; ; \; Q = m \; C_v \; \Delta T + mL; \; Win = V \times I + ventiladores$$

Sendo m   = massa a arrefecer=30L ~30Kg

    C_v = 0,718 KJ/Kg-K

    ΔT   = Diferença de temperatura entre a temperatura ambiente e a temperatura da cabina   temperatura da cabina

    L   = Calor latente de vaporização do estearato de n-butilo = 135 KJ/Kg-K

    Tempo=   tempo necessário para obter a temperatura pretendida, em segundos

    V   = tensão de entrada = 12V

    I   = Corrente de entrada = 6A

- $COP = \dfrac{\frac{(30 \times 718)(34-5)+(30 \times 135 \times 10^3)}{220 \times 60}}{12 \times 15 + 2} = 1.96382$

5.4. ANÁLISE RELACIONAL CINZENTA

A análise relacional cinzenta ou análise de incidência cinzenta de Deng é um método de otimização chinês utilizado para situações idealizadas. Aqui, as situações são classificadas em cores, nomeadamente, preto, cinzento, nebuloso e branco. Este método é utilizado para encontrar o valor ótimo de um conjunto de parâmetros de resposta múltipla. Para efeitos de utilização em tempo real, os parâmetros do processo são classificados para encontrar a solução óptima.

Tabela 5.3 Parâmetros a otimizar.

S. Não	Volume	Tempo de carregamento	Tempo de descarga	Temperatura da cabina	Carga térmica passiva	COP
1	16	80	250	5.2	5.759438	0.382932
2	16	200	630	4.9	5.464371	1.154768
3	30	100	210	5.6	5.679446	0.566421
4	30	220	520	5.4	5.370482	1.963822
Máximo	30	220	630	5.6	5.759438	1.963822
Mínimo	16	80	210	4.9	5.370482	0.382932

5.4.1 FÓRMULAS E VALORES CORRESPONDENTES

Passo 1: Geração de relações cinzentas

Para minimização,

$$\theta = (Y_{max} - Y)/(Y_{max} - Y)_{min}$$

Em que Y_{max} = 220; Y_{min} = 80 (tempo de carregamento)

Y_{max} = 5,6; Y_{min} = 4,9 (Temperatura da cabina)

Para maximização,

$$\theta = (Y - Y_{min})/(Y_{max} - Y)_{min}$$

Em que Y_{max} = 30; Y_{min} = 16 (volume da cabina)

Y_{max} = 630; Y_{min} = 210 (Tempo de descarga)

Y_{max} = 5,7594; Y_{min} = 5,3704 (carga térmica passiva)

Y_{max} = 1,9638; Y_{min} = 0,3829 (COP)

Os valores calculados são tabelados como se mostra a seguir.

Tabela 5.4 Geração de relações de cinzento

S. Não.	Volume	Tempo de carregamento	Tempo de descarga	Temperatura da cabina	Carga térmica passiva	COP
1	0	1	0.0952381	0.571428571	1	0
2	0	0.142857	1	1	0.241388	0.488229
3	1	0.857143	0	0	0.794342	0.116067
4	1	0	0.73809524	0.285714286	0	1

Máxi mo	1	1	1	1	1	1
Míni mo	0	0	0	0	0	0

Para obter a sequência de desvios, os valores calculados são subtraídos de 1 e os valores assim obtidos são tabelados.

Quadro 5.5 Sequência de desvios

S. Não.	Volume	Tempo de carregamento	Tempo de descarga	Temperatura da cabina	Carga térmica passiva	COP
1	1	0	0.9047619	0.428571429	0	1
2	1	0.857143	0	0	0.758612	0.511771
3	0	0.142857	1	1	0.205658	0.883933
4	0	1	0.26190476	0.714285714	1	0
Máxi mo	1	1	1	1	1	1
Míni mo	0	0	0	0	0	0

Passo-2: Cálculo do grau relacional de cinzento

Calcular o coeficiente relacional cinzento utilizando a fórmula,

$$\xi(y) = (\theta + \xi\theta_{minmax}) / (\theta + \xi\theta)_{omax}$$

Onde, $\xi = 0{,}5$, que é tomado aleatoriamente, θ_0 é a sequência de desvio e,

$$\theta = |\theta_{0max} - \theta|; \quad \theta_{max} = 1; \quad \theta = 0_{min}$$

Os valores são calculados e tabelados conforme indicado.

Tabela 5.6 Coeficientes de relação cinzenta

S. Não.	Volume	Tempo de carrega mento	Tempo de descarga	Temperatura da cabina	Carga térmica passiva	COP
1	0.333333	1	0.3559322	0.538461538	1	0.333333
2	0.333333	0.368421	1	1	0.397263	0.494183
3	1	0.777778	0.33333333	0.333333333	0.708558	0.361289
4	1	0.333333	0.65625	0.411764706	0.333333	1

Passo - 3: Cálculo do grau relacional de cinzento

Para calcular o grau de relação cinzenta (GRG), a equação é

$$\gamma = (\xi_1 + \xi_2 + \ldots + \xi_n)/n$$

Aqui, ξ_1 = Coeficiente de relação cinzenta de volume

ξ_2 = Coeficiente de relação cinzenta do tempo de carregamento

ξ_3 = Coeficiente de relação cinzenta do tempo de descarga

ξ_4 = Coeficiente de relação cinzenta da temperatura da cabina

ξ_5 = Coeficiente de relação cinzenta da carga térmica passiva

ξ_6 = Coeficiente de relação cinzenta do COP

Os valores são calculados e tabelados como mostra a tabela 5.7.

Tabela 5.7 Graus relacionais de cinza

GRG	CLASSIFICAÇÃO
0.59351	3
0.598867	2
0.585715	4
0.622447	1

5.4.2 CÁLCULO DA RGB

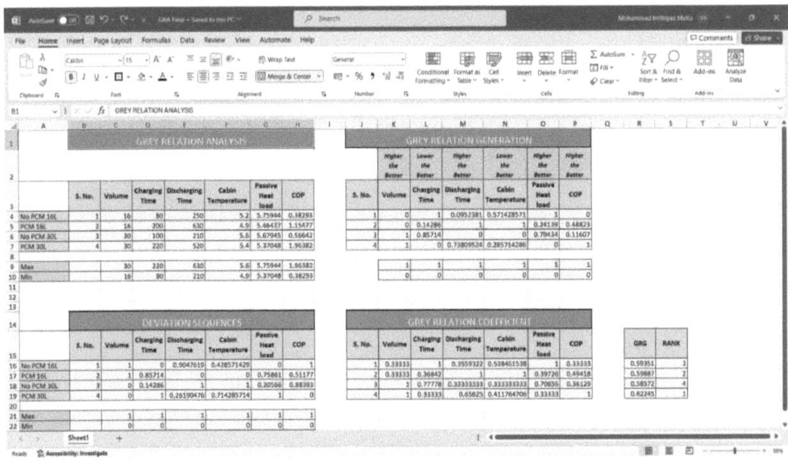

Figura 5.1 Resultados do GRA e cálculo da classificação.

Um grau relacional cinzento mais elevado implica que a combinação de parâmetros correspondente está mais próxima do conjunto ótimo de parâmetros de entrada. Por conseguinte, um grau de relação cinzenta mais elevado implica uma classificação mais elevada.

5.4.3 SOLUÇÃO ÓPTIMA OBTIDA POR GRA:

Por conseguinte, a partir do método GRA, os resultados óptimos são obtidos na cabina de 30L utilizando PCM orgânico n-Estearato de butilo

Tempo necessário para arrefecer a cabina = 220 min

Tempo necessário para descarregar a temperatura da cabina = 520min

Temperatura da cabina obtida = $5,4^0$ C

Volume da cabina = 30 L

COP do modelo = 1,96

Carga térmica passiva através da cabina = 5,37W

5.5. DESEMPENHO DO DISPOSITIVO DE ARREFECIMENTO TERMOELÉCTRICO

Um CTEE de fase única produzirá normalmente uma diferença máxima de temperatura de 70 °C entre os seus lados quente e frio. Quanto mais calor for movimentado por um CTEE, menos eficiente ele se torna, porque o CTEE precisa de dissipar tanto o calor que está a ser movimentado como o calor que ele próprio gera a partir do seu próprio consumo de energia. A quantidade de calor que pode ser absorvida é proporcional à corrente e ao tempo.

{Onde P é o coeficiente de Peltier, I é a corrente e t é o tempo. O coeficiente de Peltier depende da temperatura e dos materiais de que o TEC é feito.

Em aplicações de refrigeração, as junções termoeléctricas têm cerca de 1/4 da eficiência em comparação com os meios convencionais (oferecem cerca de 10-15% de eficiência do frigorífico ideal de ciclo de Carnot, em comparação com 40-60% alcançados pelos sistemas convencionais de ciclo de compressão (sistemas Rankine invertidos que utilizam compressão/expansão). Devido a esta menor eficiência, o arrefecimento termoelétrico é geralmente utilizado apenas em ambientes onde a natureza de estado sólido (sem partes móveis, baixa manutenção, tamanho compacto e insensibilidade à orientação) supera a eficiência pura.

O desempenho do refrigerador Peltier (termoelétrico) é uma função da temperatura ambiente, do desempenho do permutador de calor do lado quente e do lado frio (dissipador de calor), da carga térmica, da geometria do módulo Peltier (termopilha) e dos parâmetros eléctricos Peltier.

CAPÍTULO -6

CONCLUSÕES E ÂMBITO FUTURO

CAPÍTULO-6

CONCLUSÕES E ÂMBITO FUTURO

6.1 CONCLUSÕES

Os resultados permitem tirar as seguintes conclusões:

- A GRA é capaz de selecionar a combinação óptima de parâmetros.
- O sistema tem a vantagem de utilizar a energia renovável, ou seja, a energia solar, e o arrefecimento no interior da cabina mantém-se durante mais tempo com a ajuda do PCM, o que torna o sistema eficiente em termos energéticos.
- No presente trabalho, o efeito de arrefecimento é produzido na cabina do dispositivo termoelétrico com e sem a aplicação de PCM.
- O dispositivo termoelétrico foi concebido com sucesso para produzir um efeito de arrefecimento que cumpre os objectivos mencionados.

6.2 ÂMBITO FUTURO

- Esta tecnologia tem uma vasta gama de aplicações em dispositivos optoelectrónicos, para armazenar medicamentos a temperaturas controladas, etc.
- Podem ser introduzidas outras melhorias neste trabalho, como a adição de espumas metálicas, como o cobre, o alumínio, etc., ao PCM para aumentar a sua condutividade térmica, de modo a que a temperatura desejada possa ser obtida em menos tempo e a manter o efeito de arrefecimento durante mais tempo.
- Além disso, a mistura de dois ou mais materiais que mudam de fase a baixa temperatura pode ser efectuada para melhorar o calor latente de fusão.

REFERÊNCIAS

1. **Swapnil B Patond**(2015) Análise experimental do sistema de aquecimento e arrefecimento termoelétrico operado por energia solar (IJETT ISSN: 2231-5381) **20** 03

2. **Sujith G, Antony Varghese, Ashish Achankunju, Rejo Mathew, Renchi George e VishnuV**(2016) Conceção e fabrico de um frigorífico termoelétrico com sistema de termossifão (IJSEAS ISSN: 2395-3470) **2**

3. **Juan P Trelles e John J Duffy** Simulação numérica de um armazenador de energia térmica de calor latente poroso para arrefecimento termoelétrico (Departamento de Engenharia Energética, Universidade de Massachusetts Lowell MA 01854, E.U.A.)

4. **Kondakkagari Dharma Reddy, Pathi Venkataramaiah, Tupakula Reddy Lokesh** (2014) Estudo paramétrico do sistema de armazenamento de energia térmica baseado em material de mudança de fase. Engenharia de Energia e Potência 537549 http://dx.doi.org/10.4236/epe 2014.614047

5. **Kondakkagari Dharma Reddy, Pathi Venkataramaiah, P. Praveen kumar** Um estudo sobre o sistema de armazenamento de energia térmica baseado em material de mudança de fase usando lógica difusa e Ann International Journal of Applied Engineering Research ISSN 0973 4562 Volume 10, Número 7 (2015) pp. 18089-18103 © Research India Publications http://www.ripublication.com

6. **Mehling, H.Cabeza, L.F.** "Armazenamento de calor e frio com PCM. Uma introdução actualizada aos conceitos básicos e às aplicações "http://www.springer.com

7. **Atul Sharma, V.V. Tyagi, C.R. Chen, D. Buddhi** "Review on thermal energy storage with phase change materials and applications" Renewable and Sustainable Energy Reviews, Aug-Sep 2007, pp. 318-345

8. **Atul Sharma, C. R. Chen** "solar water heating system with phase change materials" International Review of Chemical Engineering (I.RE.CH.E.), Vol. 1, N. 4, July 2009 pp. 297-307.

9. **Yiyo Kuo a, Taho Yang , Guan-Wei Huang** "The use of grey relational analysis in solving multiple attribute decision-making problems" ElsvierComputers & Industrial Engineering 55 (2008) 80-93

10. **Nihat Tosun** "Determinação de parâmetros óptimos para características de desempenho múltiplo na perfuração utilizando a análise relacional cinzenta"

Recebido: 25 de maio de 2004 / Aceite: 14 de agosto de 2004 / Publicado online: 11 de maio de 2005 © Springer-Verlag London Limited 2005

11. **Gali Chiranjeevi Naidu, K Aruna, K Dharma Reddy, P V Ramaiah** "CFD Simulation for Charging and Discharging Process of Thermal Energy Storage System using Phase Change Material" International journal of Engineering Research Volume No.5 Issue NO.4, pp:332-339.

12. **C. Uma Maheshwari, R. Meenakshi Reddy** "Thermal Analysis of Thermal Energy Storage System with Phase Change Material" (Análise térmica do sistema de armazenamento de energia térmica com material de mudança de fase) International Journal of Engineering Research and Applications (IJERA), Vol. 3, Issue 4, Jul-Aug 2013, pp.617-622.

13. **R. Meenakshi Reddy,N. Nallusamy,and K. HemachandraReddy** "Experimental Studies on Phase Change Material-Based Thermal Energy Storage System for SolarWater Heating Applications" Journal of Fundamentals of Renewable Energy and Applications Vol. 2 (2012), Article ID R120314, 6 pages

14. **Hirasawa Y, Takegoshi E, Takeshita E, Saito A**. Características de mudança de fase de materiais de teste com materiais compósitos heterogéneos: discussão experimental sobre o processo de reunião. Trans JAR 1990;7:77-84.

15. **Hayashi K, Takao S, Ogoshi H, Matsumoto S**. Investigação e desenvolvimento de tecnologia de transporte de calor latente a frio de alta densidade. Workshop do Anexo 10 ECES IA, Agência Internacional de Energia; 2000.

16. **Cheralathan M, Velraj R, Renganarayanan S**. Análise do desempenho de um sistema de refrigeração industrial integrado com um sistema de armazenamento de energia térmica fria à base de PCM encapsulado. Int J Energy Res 2007;31:1398-413.

17. **Ahmed M, Meade O, Medina MA**. Redução da transferência de calor através das paredes isoladas de reboques de camiões refrigerados através da aplicação de materiais de mudança de fase. Energy Convers Manage 2010;51:383-92.

18. **M. Telkes,** Thermal storage for solar heating and cooling, em: Proceedings of the Workshop on Solar Energy Storage 15 20 25 30 35 40 0 10 20 30 40 50 60 Tempo (h) Temperatura (C) A1 A2 A3 A6 A7 Fig. 11. Solidificação da parafina com alhetas. 0 0,5 1 1,5 2 2,5 3 3,5 4 0.00E+00 4.00E-04 8.00E-04 1.20E-03 1.60E-03 Ste*Fo ηf Fig. 12. Eficácia das alhetas na solidificação com alhetas. 2846 U. Stritih / International Journal of Heat and Mass Transfer 47 (2004) 2841-2847 Subsystems for the Heating and Cooling of Buildings, Charlottesville, Virginia, USA, 1975.

19. **A. Abhat, S. Aboul-Enein, N. Malatidis,** Heat of fusion storage systems for solar heating applications, in: C. Den Quden (Ed.), Thermal Storage of Solar Energy, Martinus Nijhoff, 1981.

yes I want morebooks!

Buy your books fast and straightforward online - at one of world's fastest growing online book stores! Environmentally sound due to Print-on-Demand technologies.

Buy your books online at
www.morebooks.shop

Compre os seus livros mais rápido e diretamente na internet, em uma das livrarias on-line com o maior crescimento no mundo! Produção que protege o meio ambiente através das tecnologias de impressão sob demanda.

Compre os seus livros on-line em
www.morebooks.shop

info@omniscriptum.com
www.omniscriptum.com

FSC
www.fsc.org
MIX
Papier aus verantwortungsvollen Quellen
Paper from responsible sources
FSC® C105338